科学実験対決漫画

実験対決
㉖ 誕生と成長の対決

かがくるBOOK

내일은 실험왕 ㉖

Text Copyright © 2014 by Story a.

Illustrations Copyright © 2014 by Hong Jong-Hyun

Japanese translation Copyright © 2017 Asahi Shimbun Publications Inc.

All rights reserved.

Original Korean edition was published by Mirae N Co., Ltd.

Japanese translation rights was arranged with Mirae N Co., Ltd.

through Livretech Co., Ltd.

科学実験対決漫画

実験対決
㉖ 誕生と成長の対決

文：ストーリーa.　絵：洪鐘賢

目次
もくじ

第1話 フランクフルトの朝　8
だい　わ　　　　　　　　　　　　　　あさ

科学ポイント　微生物の繁殖方法
かがく　　　　　　　びせいぶつ　はんしょくほうほう

理科実験室①　家で実験　柿の種子（タネ）の観察、
りかじっけんしつ　いえ　じっけん　かき　しゅし　　　　　　かんさつ

　　　　　　　　ヨーグルト作り
　　　　　　　　　　　　　　　づく

第2話　ひとりぼっちの実験練習　37
だい　わ　　　　　　　　　　　　じっけんれんしゅう

科学ポイント　細胞の分裂、DNAの構造
かがく　　　　　さいぼう　ぶんれつ　ディーエヌエイ　こうぞう

理科実験室②　世界を変えた科学者
りかじっけんしつ　せかい　か　　かがくしゃ

　　　　　　　ジェームズ・ワトソンとフランシス・クリック

第3話　本当の実験を見せてあげる！　64
だい　わ　　ほんとう　じっけん　み

科学ポイント　細菌の二分裂、染色体
かがく　　　　さいきん　にぶんれつ　せんしょくたい

理科実験室③　生活の中の科学　人間の誕生
りかじっけんしつ　せいかつ　なか　かがく　にんげん　たんじょう

第4話　人間は2度生まれる？　90
だい　わ　　にんげん　　ど　う

科学ポイント　無性生殖と有性生殖、
かがく　　　　むせいせいしょく　ゆうせいせいしょく

　　　　　　　植物と動物の受精
　　　　　　　しょくぶつ　どうぶつ　じゅせい

理科実験室④　対決の中の実験　卵のふ化実験
りかじっけんしつ　たいけつ　なか　じっけん　たまご　かじっけん

4

第5話　殻を破って、外の世界に　118
科学ポイント　細胞分裂、ニワトリの発生、ヒヨコの破殻
理科実験室⑤　理科室で実験　タマネギの根の細胞分裂

第6話　国際実験オリンピック、開幕！　146
科学ポイント　生殖細胞の減数分裂
理科実験室⑥　実験対決豆知識　生物の誕生

登場人物

セナ
所属：ドイツ代表実験クラブ。
観察内容・ウォンソの幼なじみで、あかつき小実験クラブのメンバーとも知り合い。
・ドイツでも実験に対する情熱と実力は変わらない、並外れた実験大好き少女！
・国際実験オリンピックでのウォンソとの再会を心待ちにしている。
観察結果：公式を解いていくような実験を重視していたが、今回は実験がもたらす感動を味わった。

マックス
所属：ドイツ代表実験クラブ。
観察内容・魔球のようなシュートを投げる学校のハンドボールチームのエース！
・セナに危険が迫ると、すぐに現れて騎士道精神を発揮する。
・クールに見えるが、生き物を前にすると柔らかい表情を見せる。
観察結果：もの静かで落ち着いたカリスマ性を持つ、まるで第2のウォンソ？

ゾフィ
所属：ドイツ代表実験クラブ。
観察内容・陶器に絵を描く、セレブ（？）な趣味の持ち主。
・ニワトリのふ化の実験で、卵の成長を実感して、自ら実験室に来る回数を増やす。
・生命の誕生を前に感動で涙を見せる。
観察結果：冷静沈着でありながら情にも厚い少女。

ベン
所属：ドイツ代表実験クラブ。
観察内容・輝く金髪と神秘的な緑の瞳、ユーモアセンスを持つナイスガイ！
・セナの心の中を見抜ける気の合う友人。
・バイオリンを持つと別人かと思うほど、音楽にのめり込んでしまう。
観察結果：ヒヨコの誕生を始めから終わりまで見守る、ヒヨコの父のような存在。

ウジュ、ジマン、ウォンソ、ラニ
所属：あかつき小学校実験クラブ。
観察内容・偶然見つけた死んだハチでも観察実験の対象にするほど、実験に貪欲。
・代表監督が自分たちの実力を信じていないことに衝撃を受ける。
・あかつき小の校長が用意した特別車で、全校生徒の声援を受けつつ空港に向かう。
観察結果：「新しい家を探して飛行する女王バチ一行」の話で、国際実験オリンピックへの覚悟を決める。

その他の登場人物
❶ しばしの修行を終えて戻ってきた、テコンドー少女のチョロン。
❷ テコンドーを習いに来た、中国の少年リム。
❸ 国際実験オリンピックで未来小とあかつき小を引率する代表監督のエン先生。

第1話 フランクフルトの朝

実験対決　理科実験室❶　家で実験

実験1　柿の種子（タネ）の観察

リンゴや梨、柿、ブドウなどの果物には種子（タネ）があります。植物の種子は、動物でいえば卵のようなものです。種子の中には芽になる部分と芽が育つための養分が入っていて、適当な環境に種子を蒔くと芽が出て成長するのです。果物を切って、果物の内部と種子を観察してみましょう。

準備する物　柿 🟠、果物ナイフ 🔪、虫眼鏡 🔍

❶ 柿を縦に切ります。

果実の真ん中に種がある！

❷ 柿の種子の様子や、位置などを観察します。

❸ 柿から種子を取り出して、2つに切って内部を観察します。

※果物ナイフの扱いには十分注意しましょう。種子は固いので、大人に切ってもらいましょう。

どうしてそうなるの？

おしべからめしべに着いた花粉が子房の中にある胚乳にたどり着くと受精し、子房と胚乳は果実へと成長します。柿の甘い果肉は胚乳の周りにあった子房で、果肉の中にある種子は胚珠が育ったものなのです。種子の中には芽になる胚と、芽が出る時に必要な養分である胚乳があります。水、空気、温度の３つの条件がそろうと、種子から芽が出ます。これを発芽といいます。

柿の花、果実、種子の構造

実験2 ヨーグルト作り

肉眼では見えませんが、パンやヨーグルトの中には乳酸菌などの微生物が生きています。中には食べ物を腐敗させるものもありますが、乳酸菌は食べ物を発酵させて体によい物質を生み出す微生物です。電気炊飯器とヨーグルトを使った実験で、微生物の発酵について、調べてみましょう。

準備する物　牛乳500ml、プレーンヨーグルト50g、ガラス瓶２本、電気炊飯器、プラスチックのスプーン

牛乳500mlでヨーグルトが２瓶できるのね。

❶ 消毒した２本のガラス瓶に牛乳500mlを分けて注ぎます。牛乳は１時間ほど前に冷蔵庫から出しておきましょう。

実験対決　理科実験室❶　家で実験

❷ 牛乳が入ったガラス瓶にプレーンヨーグルトを半量ずつ、プラスチックスプーンで入れてかき混ぜます。

❸ ❷を電気炊飯器に入れて、保温ボタンを押して7時間待ちます。

❹ 7時間後、❷がかたまってヨーグルトになっているのを確認します。

どうしてそうなるの？

　ヨーグルトは乳酸菌と言う微生物によって、牛乳が発酵した食品です。ヨーグルトの中にいる乳酸菌は、適当な温度と栄養分である牛乳が存在する環境で活発に繁殖します。乳酸菌は自分の体を2つに分けてどんどん増殖するので、短い時間で牛乳を発酵させることができるのです。乳酸菌が繁殖すると牛乳の成分であるタンパク質を分解して乳糖を乳酸に変えて牛乳全体がすっぱいヨーグルトに変わるのです。

＊市販ヨーグルトの乳酸菌は、たいてい40℃前後で活発に活動しますが、それ以上の温度になると死んでしまいます。

第2話 ひとりぼっちの実験練習

ジェームズ・ワトソンとフランシス・クリック

分子生物学者のジェームズ・ワトソンと科学者のフランシス・クリックは、遺伝情報を次の世代に伝達する物質であるDNAが2つのらせん形が組み合わさっている構造であると明らかにしたことで有名になりました。DNAの二重らせん構造の発見で、これまで分からなかったDNAの形態が知られDNA研究の重要な基盤を作りました。

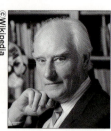

ジェームズ・ワトソン（1928〜）とフランシス・クリック（1916〜2004）
共同でDNAの分子構造を解明し、現代生物学の発展に貢献した。

今でも20世紀科学分野の最も偉大な業績の1つとの評価を受けています。

20世紀の初め、アメリカとイギリスで生まれたワトソンとクリックは、イギリスのケンブリッジ大学所属の研究所で出会いました。分子生物学についてお互い意見がよく合い共通の分野に関心を持っていた2人は、協力してDNA研究に打ち込み、研究を始めてわずか1年半でDNA二重らせん構造を発見したのです。そして、これらの研究の内容を1953年4月25日にイギリスの権威ある学術雑誌「ネイチャー」で発表し、その9年後の1962年にノーベル生理学・医学賞を共同で受賞しました。

ワトソンとクリックが発見したDNAの二重らせん構造は、遺伝子研究の根本的な疑問であった、「DNAがどのように遺伝情報を貯蔵し複製して次の世代に伝達するのか」を解明するのに、非常に重要なヒントになりました。また、突然変異説や遺伝子地図などの現代生物学の重要な研究にも影響を与えました。

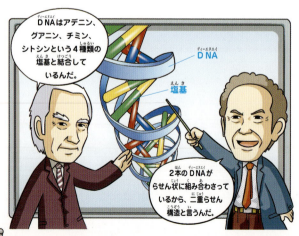

第3話

本当の実験を見せてあげる！

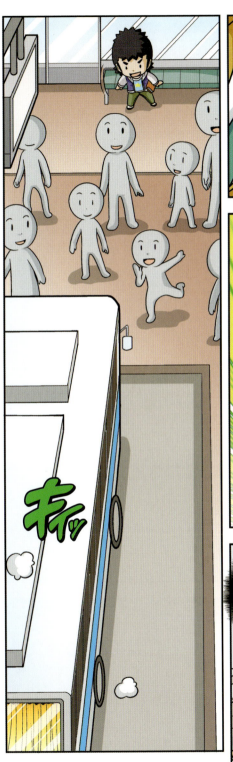

実験対決　理科実験室❸　生活の中の科学

人間の誕生

　人間の誕生は、非常に小さな1個の細胞から始まります。父親の遺伝子を受け継ぐ精子と、母親の遺伝子を受け継ぐ卵子が出会って1つの受精卵（細胞）ができ、それが母親のおなかの中で栄養をもらって成長し、約9カ月後に生まれてくるのです。

卵子と精子

　卵子は女性の卵巣で作られる丸い細胞です。細胞質に養分が豊富で、約0.1mmの大きさです。精子は男性の精巣で作られる細胞で頭と尻尾部分でできています。長さは約0.04〜0.06mmで卵子より小さく、尻尾を使って移動することができます。

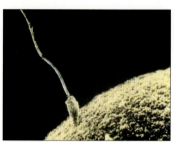

卵子に向かって移動する、精子。

受精と妊娠

　男性の体から出た精子は尻尾を使い卵子に向かって進みますが、卵子と結合できるのは2〜3億個のうちたった1つの精子だけです。精子の頭の部分には卵子の膜を溶かす酵素があり、卵子の膜を破って入り卵子と出会って受精卵を作ります。受精卵は卵子の養分を使ってすぐに分裂を始め、子宮に移動して子宮内膜に付きます。これを着床と言い、ここで受精卵が胎児に成長し始めるのです。

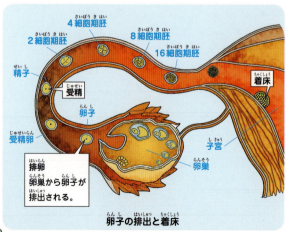

卵子の排出と着床

胎児の成長

　受精卵が1ヵ月ほど育つと、胞胚と呼ばれ、その大きさは約0.5mmほどです。この時期には胞胚の周りの羊膜が発達します。中には羊水があり外部の衝撃から胞胚を保護して一定の温度を維持してくれます。また、胞胚はへその緒を通して母親から栄養をもらいます。妊娠10週になると人間らしい姿になり胎児と呼ぶようになります。この時期には性別を区別できるようになって胎児の動きが活発になります。20週後から胎児は眠ったり起きたりするようになり体は完全な形になります。30週からはほとんど新生児の姿になって、40週になると胎児はやっと産まれてくるのです。

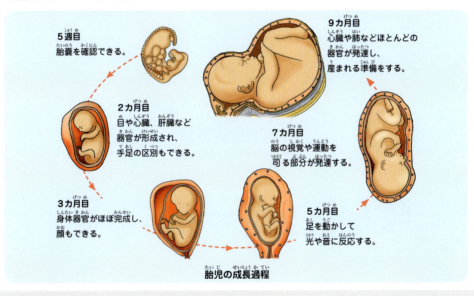

胎児の成長過程

TIP 胎児の身長はどうして分かるの？

　母親の子宮の中で成長する胎児の身長は、一般的に超音波写真で測定します。4～20週までは胎児が足を曲げているので、頭からお尻までの長さを測定し、20週以降は頭からつま先までの長さを測定します。4週目に入った胎児の身長は0.3cmほどで、12週目では約6～7cm、20週目では約16cmで、産まれる直前の40週目では約50cmほどに成長します。

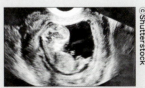

12週目になる胎児の超音波写真。

第4話

人間は2度生まれる？

実験対決　理科実験室❹　対決の中の実験

卵のふ化実験

実験報告書

実験テーマ
卵がふ化する過程を観察すると、動物の発生について分かると思います。

準備する物
❶ふ化器　❷有精卵3個　❸水　❹小型懐中電灯
❺ハサミ　❻サインペン　❼黒い画用紙
❽黒いビニールテープ

実験予想
有精卵をふ化器に置いて、21日経つとヒヨコが生まれると思います。

注意事項
❶必ず冷蔵庫に入れたことのない有精卵を使います。
❷検卵し過ぎるとふ化しない場合があるので、1週間に一度程度にしましょう。
❸ふ化器に置いて16日以降は、卵を動かさないようにしましょう。
❹ヒヨコが生まれる日は、1〜3日ほどズレることがあります。

実験方法

❶ 卵を区別できるように、それぞれ名前や記号などを書いておきます。

❷ ふ化器の電源を入れて、注入口にぬるま湯を注ぎます。

❸ ふ化器の温度を37℃、期間を21日に設定してから卵を置いてスイッチを入れます。

❹ 小型懐中電灯に黒い画用紙を巻いてテープで止め、簡易検卵器を作ります。

❺ ふ化器に入れて6日目に検卵をします。卵に検卵器を当てると、うっすらと血管を観察することができます。

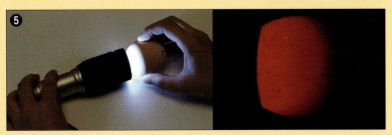

実験対決　理科実験室❹　対決の中の実験

❻ 12日目に検卵をします。ヒヨコの体が黒く写っていて活発に動いています。

❼ 15日目に最後の検卵をします。ヒヨコが大きくなって卵のほとんどが黒く見えます。

実験結果　ふ化器に入れて約21日が過ぎると、卵からヒヨコが生まれました。

どうしてそうなるの？

有精卵は雌鶏の卵子と雄鶏の精子が受精してできたもので、これが成長してヒヨコにふ化します。黄身の中にある胚盤がヒヨコに育ち、卵黄と卵白は誕生に必要な栄養を供給します。ニワトリが卵を温めるのと同じ37℃の温度と、60〜70％の湿度、胚盤が一方向に偏らないように卵を回転させることでヒヨコになり、約21日後には殻を破って出てくるのです。

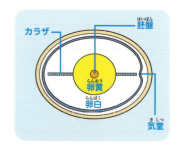

殻を破って、外の世界に

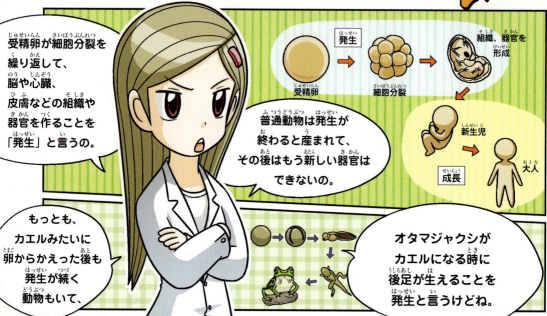

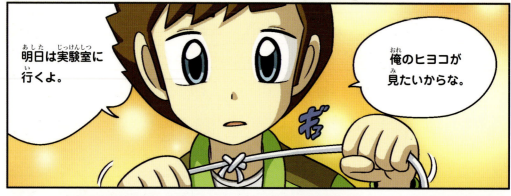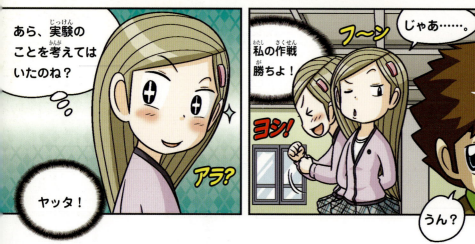

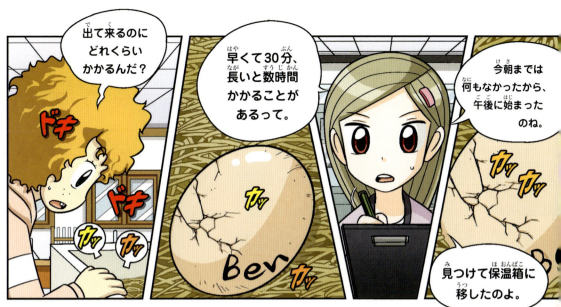

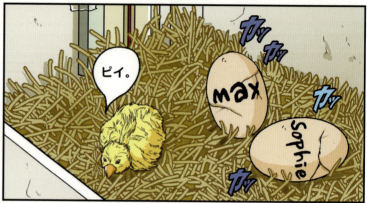

実験対決　理科実験室❺　理科室で実験

タマネギの根の細胞分裂

実験報告書

実験テーマ
タマネギの根を顕微鏡で観察し、植物の細胞が分裂する過程を調べます。

準備する物
❶アルコールランプ、三脚、石綿付き金網　❷エタノール　❸酢酸　❹顕微鏡　❺酢酸カーミン溶液　❻3％塩酸　❼ビーカー　❽消しゴム付き鉛筆　❾解剖用ハリ　❿スポイト　⓫試験管　⓬ガーゼ　⓭プレパラート　⓮根を切ったタマネギ

実験予想
タマネギの根の先では、成長するために細胞が分裂するのを見ることができると思います。

実験の準備
❶実験の1～2日前にタマネギの根の先を1cm切って、エタノールと酢酸を3対1の割合で混ぜた混合液に浸しておきます。
❷細胞が集まっていると観察し難いので、観察する前に鉛筆に付いた消しゴムでタマネギの根を押しつぶしておきます。

＊塩酸などの実験薬はたいへん危険です。実験は必ず大人とやりましょう。

実験方法

❶ タマネギの根をガーゼに包み、それを3％塩酸が入った試験管に入れて55～60℃の温度で10分間湯せんした後、蒸留水が入ったビーカーに移します。

❷ 湯せんしたタマネギの根をスライドガラスの上に置いて1～2mmほどに切り、酢酸カーミン溶液を1～2滴落とし解剖用ハリで細かくする。

❸ カバーガラスを被せて、鉛筆に付いた消しゴムで軽く押さえ細胞が広がるようにしてから、顕微鏡で観察します。

実験結果

丸い核の代わりに染色体が見え、分裂中の細胞を見ることができます。

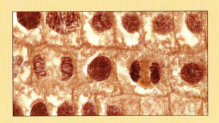

どうしてそうなるの？

タマネギの根の先には細胞分裂が活発に行われる成長点があり、この部分の細胞を顕微鏡で観察すると丸い核の代わりに染色体が見える分裂中の細胞を確認することができます。細胞が分裂する時は核膜が消えて細い染色糸が染色体に凝縮されるからです。この時、赤い酢酸カーミン溶液で色を付けると染色体を観察しやすくなります。タマネギの根の先で起こる細胞分裂によって、タマネギは根を伸ばして茎を成長させています。

第6話

国際実験オリンピック、開幕！

実験対決　理科実験室❻　実験対決豆知識

生物の誕生

地球にすむ生物の多くは、生きている間に自分に似た子孫を作って種族を残そうとします。これを繁殖といい、それに必要なのが生殖細胞です。

生殖細胞の減数分裂

動物の精子や卵子、植物の花粉など、子どもをつくるために必要な細胞が生殖細胞です。生殖細胞はほかの細胞同様、細胞分裂でつくられ、数を増やします。
普通、体細胞が分裂して数を増やす時には、分裂したそれぞれの細胞はもとの体細胞と同じ数の染色体を持ちますが、生殖細胞に分裂する時は、染色体の数が半分になります。これを減数分裂と言います。そして、染色体を半分ずつ持った精子と卵子が出会って（受精して）1つになり、子どもの細胞のもとができます。つまり子どもは、お父さんとお母さんから、染色体を半分ずつもらっているのです。

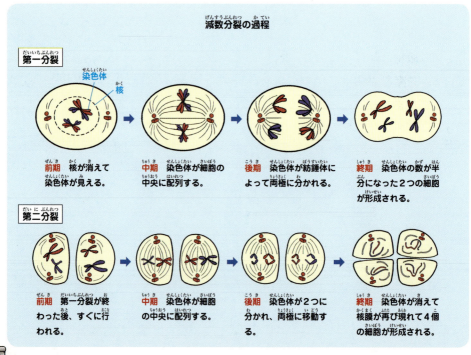

植物の繁殖方法

植物は種類が豊富なだけに繁殖方法も多様ですが、普通は花を咲かせて種子を作る方法で繁殖します。おしべが作った花粉が、風や昆虫などの助けを借りてめしべにたどり着き受粉します。花粉から花粉管が伸び精核が胚乳に到達して受精が起こります。そして胚や胚乳を持った種子へと成長します。

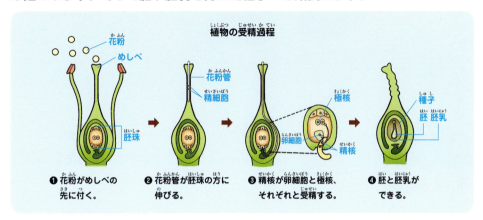

動物の繁殖方法

動物も植物と同じように生殖の為の細胞を作って繁殖します。卵を産む動物や赤ちゃんを産む動物はどれも雌は卵巣で卵子を作り、雄は精巣で精子を作ります。こうしてできた精子と卵子が結合して受精卵になり、それがどんどん分裂していって子どもになるのです。

卵を産む動物は卵の中で発育し、赤ちゃんを産む動物はお母さんの子宮の中で成長します。

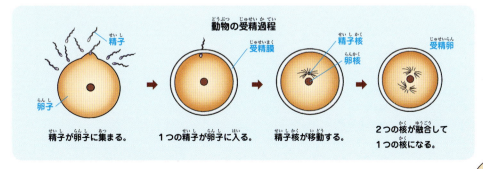

⑳ 誕生と成長の対決

2017年12月30日　第1刷発行

著　者　文　ストーリー a. ／絵　洪鐘賢
発行者　須田剛
発行所　朝日新聞出版
　　　　〒104-8011
　　　　東京都中央区築地5-3-2
　　　　編集　生活・文化編集部
　　　　電話　03-5541-8833（編集）
　　　　　　　03-5540-7793（販売）

印刷所　株式会社リーブルテック
ISBN978-4-02-331637-9
定価はカバーに表示してあります

落丁・乱丁の場合は弊社業務部（03-5540-7800）へ
ご連絡ください。送料弊社負担にてお取り替えいたします。

Translation：HANA Press Inc.
Japanese Edition Producer：Satoshi Ikeda
Special Thanks：Park Hyun-Mi ／ Park So-Young
　　　　　　　　Kim Eun-Mi（Mirae N Co.,Ltd.）

サバイバル
公式サイトも
見に来てね！
クイズやゲームもあるよ
サバイバルシリーズ　検索